猫と話せるようになるCDブック

一番やさしいアニマル・コミュニケーションの教科書

鈴木智美

付属ＣＤの収録内容

Track1　アルファリーディング（収録時間32:35）

Alpha Reading

アルファ波誘導の技法を用いてあなたの潜在意識の扉を開きます。潜在意識の扉が開くと、愛猫とのコミュニケーションに用いるテレパシー能力が開花します。

Track2　アルファリーディング・ショートバージョン（収録時間27:55）

Alpha Reading Short version

このトラックには、アルファリーディングのショートバージョンが収録されています。アルファ波状態へ誘導する、リラクゼーション誘導部分を短く設定しています。トラック１では、途中で眠ってしまうという方は、ショートバージョンをお試しください。トラック１と効果は同じです。

付属ＣＤの使い方

アルファリーディングは、アニマル・コミュニケーションを行うための著者オリジナルＣＤです。お聴きになる前に、必ず、第３章「付属ＣＤを使って愛猫とお話しよう」をお読みになりご使用ください。眠気を催す場合がありますので車の運転中や仕事中、危険または注意を伴う作業時の使用はお控えください。安全な環境でのアニマル・コミュニケーションをお勧めします。

付属ＣＤは、市販のＣＤ再生機器、パソコン、ＭＰ３プレーヤー等で
再生してご利用ください（イヤホン、ヘッドホン使用可）。

はじめに

今日からあなたも愛猫と話すことができます！

猫って本当に可愛いですよね。本書を手にしているあなたは、もちろん大の猫好きのはずです。そして、一度はこう思ったことがあるのではないでしょうか。
「愛猫と話すことが出来たらいいなぁ……。でも、そんなこと出来る訳ないよね」と。

そのような方の声にお答えするために、この本が生まれました。本書は誰でも愛猫と会話が出来るようになることを目的として作られています。

動物と話すことをアニマル・コミュニケーションといいます。これはテレパシーを使い動物の思いや感情を感じ取ったり、人間の思いを伝えたりすることです（それを行う人をアニマルコミュニケーターと言います。本書と付属ＣＤを活用いただければ、あなたもアニマルコミュニケーターなのです！）。

テレパシーと聞くと特殊能力のように感じるかもしれません。でも実は、普段意識をしていないだけで、誰もが持っている能力なのです。

このテレパシー能力を活性化するために、本書の付属CDを使います。なぜこの付属CDでテレパシーが使えるようになるのかは、1章で解説しています。


前作『犬と話せるようになるCDブック』はありがたいことに、大変ご好評いただいております。それまではアニマル・コミュニケーションCDを3作リリースしていましたが、CDブックという形では初めてでした。

出版後、読者の方から日を追うごとに「本を読みました」「わが家の愛犬とお話しすることができました！」など、いろいろなお便りを頂くようになりました。ネット書店の犬部門では1位を獲得。さらに重版もかかり、思いもよらぬ大きな反響を頂いて感謝の気持ちでいっぱいです。

そして、頂いた声の中でも「猫専用のアニマル・コミュニケーションの本も出して下さい」とのご要望が多く、本書の出版に至りました。

前作をお読み下さった方からのお手紙の一部をご紹介します。

グルメな愛犬

愛犬のミルクは一定の餌をなかなか食べてくれず、頻繁に餌を変えていました。

そこで付属のCDを使って何度かミルクに聞いてみたところ、分かったことがあったのです。

それは、ある餌の映像でした。イメージに何度も浮かんでくる餌があったのです。

それを購入してミルクに与えると、パクパクと食べてくれました。

今ではその餌で落ち着いています。

あの映像は、ミルクがこの餌がいいと伝えてきたのでしょう。でも値段がちょっと高いので、主人のお小遣いを減らす予定です（笑）。

歩くのを嫌がった理由が明らかに……

愛犬のポン太は、ある時期からお散歩中にお座りをして動かなくなるようになりました。それも、毎回決まって同じ場所なのです。

仕方がなくコースを変えると普通に歩いてくれるのです。

そんな時にこの本を購入しました。毎回動かなくなる理由を聞いてみようと思ったのです。1回目は、よく分かりませんでした。でも、数回試してみるうちに、少し大きめの犬の映像が頭に浮かんできたのです。

思い当たることがあったので、以前のコースを歩いてみると、ポン太がお座りしてしまう場所の少し先に、頭に浮かんだ映像に似た大きめの犬がいたのです。

その時直感的に確信しました。ポン太は「この犬が嫌なんだよ、この前は通りた

くないよ」と伝えてきたのだと思っています。

この他にも多くの声を頂きましたが、ページ数の関係上2話しかご紹介できないのが残念です。本書と付属ＣＤにより今まで知らなかった愛猫の気持ちを知ってあげて下さい。

アニマル・コミュニケーションが、今、とても必要とされています

ひと昔前は動物をペットとしてとらえ、その子達と話そうなどと考える人は少なかったはずです。

「一緒にいるだけで癒される」
「とにかく動物が大好き！」

このような理由で飼われていたのではないかと思います。

現在は癒しという要素に加え、ペットとしてではなく家族の一員として捉えている方が多いのではないでしょうか。

家族である愛猫と、もっとコミュニケーションが取れたら……と思うのは当然の想いでしょう。

そこにアニマル・コミュニケーションの存在意義があるのです。

現在、アニマル・コミュニケーションは、アメリカやイギリスで一般的なものとなっています。ペットカウンセリングやドッグトレーニング等と併用しながら、飼い主さんとペットとの問題解決に多く利用されています。

日本でも、私のようなアニマル・コミュニケーションの専門家から、指導を受けられる講座やスクールも非常に充実してきました。一般の飼い主さんがアニマルコミュニケーターになれるのです。

最近では、獣医師がアニマル・コミュニケーションに関心を持ち、医療に役立てようとしている方も増えてきています。


昨年、人と動物の関係や絆を深く感じざるを得ない出来事が起こりました。

東日本大震災です。

これによって本当に多くの犠牲が払われました。もちろん動物達も同様です。

報道では人的被害が中心ですが、その裏で多くの動物達が亡くなり、また被災動物として過酷な状況を過ごしています。


私はアニマルコミュニケーターという仕事柄いろいろな話を聞いてきました。

宮城県で被災した中谷さんは、震災直後、飼っていた愛猫のクロの行方が分からなくなってしまいました。しかし、家を離れなければならず、止むに止まれず避難所へ移ることにしました。

でもやはり、心配で心配で夜も眠れず、ふたたび自宅に戻りました。家の中はタンスが倒れ、食器が割れ、散乱状態でした。

そんな中、物をかき分けながら必死にクロを探しました。

すると2階の天袋の中に、不安そうにひっそりとクロが隠れているではありませんか。

中谷さんは、「怖かったね」「不安だったね」「生きていてくれたんだね」と、クロを抱きしめ、安堵とともに涙が止まりませんでした。

これまでは、いつもクロがいるのがあたりまえでした。

ただ居てくれるだけ、生きていてくれるだけでいい。クロがどんなにかけがえのない存在なのかを、心から実感したとおっしゃっていました。

このような体験をされた方は大勢いらっしゃると思います。逆に悲しみとともに時が過ぎてしまった方もいるでしょう。

どちらにせよ、愛猫や他の動物達が人間にくれていたものは、とても大きなものだったのだと思います。

東日本大震災は人と人はもちろんのこと、人と動物の絆についても再認識させられた大きな出来事でした。

これから益々、動物を飼われる方が増えると思います。

その中でアニマル・コミュニケーションが、人と動物の架け橋となり、より良い関係を築いていく助けになれば、これほど嬉しいことはありません。

※本書の体験談に登場する人物、動物の名前は仮名です

contents

はじめに
今日からあなたも愛猫と話すことができます！ 3
グルメな愛犬 5
歩くのを嫌がった理由が明らかに…… 6
アニマル・コミュニケーションが、今、とても必要とされています 8

第1章 愛猫とどうやって会話するの？

どうして愛猫と話せるの？ 20
「潜在意識の力」と「シンクロニシティー」 22
アルファ波状態があなたと愛猫をつなぐ 27
テレパシー能力は誰でも使える 32
テレパシーは直感の延長線上 34

第2章　愛猫とのアニマル・コミュニケーション秘話

半信半疑のAC……でもハリーのひと言に胸がいっぱいに　38
残された子猫ソラちゃんの元へやってきた
母猫ジジからのメッセージ　40
今の人生での使命や役割を教えてくれた愛猫のハンナ　45
リンとの絆を再確認できました　50
震災後、元気がないママの気持ちを読み取るハナちゃん　54
命の大切さを教えに来た野良猫の福ちゃん　60

第3章　付属CDを使って愛猫とお話しよう

付属CD活用の方法と注意事項　64

愛猫があなたに想いを伝える方法とは　65
愛猫のメッセージは「何となく」感じるだけでいい　66
あなたの能力タイプは何？　70
さあ！　愛猫とのコミュニケーションの始まりです（アニマル・コミュニケーション準備）　75
これだけは守って欲しい注意点　78

第4章 もっともっと愛猫と分かり合うためのQ&A

よくある質問 82
思慮深い質問 85
体調についての質問 88
2匹目を迎えたい場合 90
保護猫の場合 93
問題行動のある愛猫の場合 96
アニマル・コミュニケーションが上手くできない 97
愛猫とのコミュニケーションのポイント 99

エピローグ
おわりに

第1章
愛猫とどうやって会話するの？

どうして愛猫と話せるの？

愛猫と話せると聞くと、あなたは「本当に猫と話せるの？」「特殊能力者だけができることじゃないの？」と思うのではないでしょうか。

そして、「愛猫と話せたらどんなに楽しいだろうか」「話せるものなら話してみたい」と思っている方も多いと思います。

この本を手にしているあなたは、もちろんアニマル・コミュニケーションに前向きな方のはずです。大切なことは愛猫と意志の疎通が出来ると信じることです。

愛猫が何か言いたげな表情をしていたり、あなたの会話に耳を澄ましていたり、あなたをじっと見つめていたり。一緒に暮らしていると日々いろいろなことを感じると思います。実は愛猫の方こそあなたと一生懸命にコミュニケーションを取ろうとしているのです。

更に言えば、あなたが愛猫のことを分かってあげている以上に、愛猫の方があなたのことを分かっていることが多いのです。そんなことをふと感じたことはありませんか。感じたことがあれば、それも立派なアニマル・コミュニケーションのはじまりなのです。

人間と猫は姿も言葉も異なります。しかし、同じ動物です。人は人間の世界観で物事を見がちですが、猫は猫の世界観に捉われるようなことはありません。動物としての世界観で感じ取っています。その点においては人間より猫の方が視野が広いのかもしれません。

心理学者であり深層心理研究の第一人者でもあるC・G・ユングは無意識（潜在意識）の中に集合的無意識の存在があると考えました。

集合的無意識とは、人類は深層意識下（普段の意識では気づけない意識）ですべて繋がっているという意味です。さらに人間だけではなく、動植物を含むすべてと繋がっているという見解もあります。もちろん愛猫にも深層意識があります。それはあなたの深層意識と繋がっているということを意味するのです。

あなたと愛猫は、既に深層意識では繋がっていて、無意識的コミュニケーションが常に行われています。この繋がりを強め、深層意識からの情報を顕在意識レベル（表面、または普段の意識）へ浮上させ、愛猫の気持ちを理解したり、あなたの想いを伝えることがアニマル・コミュニケーションなのです。

「潜在意識の力」と「シンクロニシティー」

潜在意識という言葉を知っていますか？

今はいろいろな分野でこの言葉が使われているので、ご存知の方も多いのではな

いでしょうか。

精神分析学者フロイトは、人間が顕在意識（普段の意識）では意識されていない意識、「無意識」があると仮説を立てました。無意識といっても意識がないわけではありません。自分では気づかないままに行っている思考や行動などを司っている意識です。例えば友人の癖（口癖、しぐさ等）を指摘すると、「そんなことしていない」と言うはずです。友人は自分の癖に気づいていないのです。他にも、いつも同じような失敗を繰り返してしまうということも無意識的なパターンを持っていることになります。

または、自分では気づかない未知数の能力を秘めている部分も潜在意識がかかわっています。この能力は潜在意識のコントロールを身につければ誰でも高めていくことができます。さらに詳しく述べていきますがテレパシーも、この無意識と深く関わっているのです。

この無意識（潜在意識）の解釈を更に発展させ、集合的無意識の発見をしたのが

フロイトの弟子であるC・G・ユング（心理学者）です。人間だけではなく動物にも共通した深層意識があると説いています。

虫の知らせなどのテレパシー現象やシンクロニシティーも無意識の伝達により生じると考えられています。シンクロニシティーとは共時性と訳され、「意味のある偶然の一致」という意味です。

あなたもこのような経験を一度はされたのではないでしょうか。

・昔のアルバムを見ていたら、一緒に写っていた友人から連絡が来た
・何か胸騒ぎがして、家に電話したら実際に何かあった
・テレビをつけたら、今考えていた内容と同じようなコマーシャルや番組が流れていた
・メールをしようと思っていた矢先に、その相手からメールが来た

これらは無意識を媒介して起こった「意味のある偶然の一致」なのです。

私なりにシンクロニシティーの原理をごく簡単に説明すれば、「引き寄せる力」になります。

猫が欲しいと強く望んでいるAさんがいます。子猫が生まれ誰か猫好きな人にあげたい、出来るなら知っている人がいいと望んでいるBさんがいます。この二人は住んでいる場所も遠く何の関係もない二人です。ですが、この二人に共通の友人Cさんがいます。しかしそのCさんが共通の友人であることさえ二人は知りません。

あるときCさんがその話を知りAさんとBさんの二人を出会わせます。子猫は猫好きなAさんにもらわれとても可愛がられています。

この両者の思いが集合的無意識を通じて条件を照らし合わせ、出会うべくして相手と出会ったのです。

愛猫ちゃんに初めて出会った時に「この子しかいない！　運命の子に出会ってしまった！」と直感的に感じて家族の一員に迎えられた方もいると思います。まさに「意味のある偶然の一致」や「意味のある偶然の出会い」なのです。

アルファ波状態があなたと愛猫をつなぐ

アニマル・コミュニケーションの仕方はいろいろな方法がありますが、本書ではテレパシー能力を使って行います。付属ＣＤはこのテレパシー能力を発揮しやすくなるように、アルファ波誘導による技法を導入しています。

まずは、アルファ波状態とはどのようなものなのか、これからそのことについてお話をさせていただきます。

アルファ波状態とは脳内での出来事です。これは脳波に密接にかかわっています。脳波は大きく分けて４種類あります。

❶**ベータ波**　この状態は目覚めていて活発に活動しているときです。

❷**アルファ波**　これには２種類あり、静のアルファ波と、動のアルファ波に分け

られます。本書では静のアルファ波を使用します。この状態は身体的にリラックスしている時やぼんやりと何かの考え事をしているときなどです。瞑想や座禅中などもこの波形を現していることが分かっています。

❸シータ波

この状態は覚醒と睡眠のはざまのときです。寝る前のまどろんでいるときや、朝起きてぼーっとしているときなどです。

この状態ではいろいろなアイディアや何かのヒント、気づきが起こりやすいのです。

❹デルタ波

眠りについているときです。夢を見たり、心身の休息をとっている状態です。

本書で活用するアルファ波について、さらに詳しく解説いたします。

一般的に、アルファ波が出るのはリラックスしているときという認識がありますが、これには2種類あるのです。静のアルファ波と、動のアルファ波です。

瞑想やゆったりとくつろいでいる時、朝起き立てのときなどは、静のアルファ波状態になっています。

また、コンサートやサッカーの観戦など、興奮状態にあるときは動のアルファ波状態です。この2つに共通することは顕在意識レベル、いわゆる表面意識の低下によって潜在意識また本能レベルが高まっている状態です。

分かりやすく言えば、くつろいでいるときは何かするのが億劫《おっくう》になったり、眠たいときなどは、やらなければならない事があっても中々体が動かなかったり（静のアルファ波）。サッカーの観戦など過度の興奮状態にあり、普段はおとなしい人でも泣いたり怒ったり、時には喧嘩にまで発展する事があり（動のアルファ波）、両方とも本能レベルが上がっている状態です。

このことから分かるように人は誰でも1日に何回もアルファ波状態に自ら入っています。アルファ波状態は日常的なことで、生理的自然現象なのです。

例えば電車に乗ってうつらうつらしているとき。完全に寝ているわけでもありません。そして周囲の話し声や電車の音も普段より敏感に聞こえているはずです。駅に着けばぼっーとしながらもちゃんと降りて行きます。

マッサージやエステを受けたことがある方も多くいらっしゃると思います。気持ちよくて眠くなりませんでしたか？　この時もアルファ波状態です。

アルファ波状態になることによってあなたの潜在意識の扉が開いていくと考えて下さい。先程の説明のようになんとなく眠たくなっていたり、ゆったりとリラックスしている感じです。

じつはその状態が潜在意識の扉を開いているのです。

テレパシー能力は誰でも使える

人間のコミュニケーションは言葉で直接伝えたり、ボディランゲージにより情感を表したり、表情により気持ちを察知したりと豊富な手段を持っています。猫も鳴き声やボディランゲージ、表情など人間と同じ手段を持っていますが、大きく違うのが言葉になります。

猫の言葉（鳴き声は）は人間のように具体的に物事の説明を示しているのではなく、感情を伝えるための手段として鳴き分けをしています。

喜び、悲しみ、怒り、恐怖等、抽象的表現のツールです。ただ、これは猫の顕在意識レベル（表面意識）の状態です。

では、猫の潜在意識の世界はどうなっているかといいますと、しっかりと具体的な思い、感情が広がっているのです。人は人間だけが特別な存在で、人間と動物というように区別して考えている方が多いと思います。
猫ももちろん他の動物との区別はしていますが、人間程境界が強くありません。

愛猫はあなたにいろいろと求めてくることがあると思います。ご飯や、抱っこや、遊びなど、せがまれたことがあるはずです。愛猫はこれがあなたに通じていると思って表現しています。

その交流手段が猫の場合はテレパシーなのです。テレパシーと聞くと何かサイキック的な怪しげな雰囲気が漂いそうですが、人間は誰しもテレパシー能力を有しています。それを開花させるには、それに意識を向けるだけなのです。

テレパシーとは辞書によると「超心理学の用語。視覚や聴覚など通常の感覚的手段によることなく、直接、自分の意志や感情を伝えたり、相手のそれを感知したりすること。また、その能力。精神感応。思念伝達。遠感。霊的交感」（三省堂　大辞林より引用）になります。

テレパシーは直感の延長線上

直感で感じるままに行動をしたら上手くいったとか、直感で選んだら当たっていたという経験をした方も多いのではないでしょうか。

または勘がいいとか勘が悪いという話を一度はしたことがあると思います。

この勘を多くの人はただの思いつきなど、適当なものと解釈しています。では、思いつきではないとしたら、何なのでしょうか？

これには定義があります。それは「経験値から導き出されるもの」です。

しかし、顕在意識ではなかなかその根拠まで把握できず、「直感的に感じた」とか「何かそんな気がする」という形で現れてきます。

では直観力を高めるための経験値をあげるにはどうすればよいのでしょうか。それはそのことに意識を出来るだけ向けて、その体験を多く積むことにあります。

本書は愛猫と話すことが目的なので、それに照らし合わせるとこうなります。
「愛猫に意識を常に向けて、話せると信じ、本書の付属ＣＤを使いコミュニケーションを取る練習を繰り返す」となります。
すると、直感力は自然と高まり、その延長線上にあるテレパシー能力が開花していきます。実はテレパシー能力のベースにあるのは直感力なのです。

それはスポーツ選手や音楽家に似ています。１００メートル走の世界一は現在、ウサイン・ボルトの９秒58です。この記録、私から見れば異常な早さです。

また、プロのピアニストが弾く曲も、よく考えて見れば、異常なほどの指の動きと、私には到底浮かばない素敵なメロディーです。これこそ、通常の能力を超えたものだと思いませんか。これはれっきとした超能力なのです。

しかし、このような能力は誰でも発揮できます。ボルトやプロのピアニストと同じとは言いませんが、目指すことに意識を向け練習し続けることで今よりも確実に能力は上がります。

テレパシーも同様なのです。テレパシーとは直感の先にある能力と言えます。

それは訓練により誰でも開花することができるのです。

テレパシー能力の向上には個人差はありますが、それを発揮するための訓練とはどのようにすればいいのでしょうか。それはスポーツのトレーニングのように過酷な練習をしたり、修行僧のように滝に打たれて修行するわけではありませんので、どうかご安心を……。

テレパシー能力を引き出す作業は難しいことではありません。心静かに本書付属CDをお聴きください。それにより潜在意識の扉が開き、テレパシー能力が開花していくのです。

誰でもテレパシー能力を備えています。ただ今まで使わないで、少し錆びてしまっているだけです。そこに油を注ぎましょう。

そしてあなたが本来持っているテレパシー能力の開花の助けとなるように、本書が潤滑油となれば幸いです。

第2章 愛猫とのアニマル・コミュニケーション秘話

この章では、実際に私や飼い主の方が行った猫とのコミュニケーションを紹介します（飼い主の方の体験談は、私がこれまでにリリースしたCDを使って行われたものです）。

体験談には、ビックリするような愛猫の本音や、感動的なお話、胸が痛むお話まで様々です。たくさんの体験談を読んで頂くことによって、アニマル・コミュニケーション（本章では以下、ＡＣ）を使って愛猫とコミュニケーションを取ることの素晴らしさを実感していただけると思います。

まるで猫が人間の言葉を話しているような表現になっていますが、実際のＡＣでは、猫の感情や感覚的なものが伝わってきます。それを理解しやすいように人の言葉に変換してお伝えします。

半信半疑のＡＣ……でもハリーのひと言に胸がいっぱいに

ＣＤを使って、自分で初めてＡＣをやってみました。ＣＤの誘導の中で愛猫のハリーを呼ぶと、「もう待ちきれないよ！　早く話してよ！」というハリーからの強い声が伝わってきました。まだ何も質問もしていないのに、ハリーはせっかちな性格なのでしょうか……（笑）

　するとハリーはどんどん話しはじめました。

「お話したいことがあるんだよ。

　僕ね、いつもお母さんのことを考えているんだ。どうしたら、お母さんが僕だけのものになるのかな？　って。

　お母さんはいつも僕に可愛いねって言ってくれるけど、もっと可愛いって言って欲しいんだ。そしてもっと顔もすりすりして欲しいんだよ。

　マッサージもたくさんしてよ！

いつもお母さんの横に行くでしょう？　それはお母さんの顔がよく見えないんだ。だからもう少し僕の目線に合わせて欲しいんだよ。

　それとお水もたくさん飲みたいよ……」

と一気に私に伝えてきました。ハリーがこんなにおしゃべりだなんて……私が返事をする間もなくハリーの話は続きました。

そして最後に私が一番聞きたかったことをハリーに尋ねました。

「お母さんと最初に出会った時どう思った？」

「光が差したみたいだったよ！　本当に綺麗な光だったんだ」

まるで希望を持って私にすがるような子猫のハリーの目を思い出しました。私はなんだか胸がいっぱいになりました。この子は捨て猫だったのです。

「光が差したみたいだった」と言われて、私は本当にこの子を迎えいれて良かったと心から思いました。そして、その光をハリーに照らし続けようと、心に決めました。


私はＡＣがはじめてで、本当に話せるのだろうかと半信半疑でしたが、確かにハリーは私に感情や映像を伝えてきました。まさか本当にＡＣが出来るなんて！　鈴木先生に感謝です。

残された子猫ソラちゃんの元へやってきた母猫ジジからのメッセージ

亜由美さん（30代女性）ご一家は2匹の愛猫と暮らしていました。この2匹は親子です。

先日、母猫のジジが亡くなりました。それから49日が過ぎ、徐々に子猫のソラがご飯を食べなくなりました。そして、ジジの仏壇の前から離れず時々鳴いているのです。

このままだとソラが病気になってしまうのではないか。家族全員がジジが亡くなった悲しさに加え、ソラが心配でたまりませんでした。

そこで、どうして仏壇の前で鳴いてるのか、何か伝えたい事があるのか、どんな気持ちでいるのかを知りたいと、ＡＣのご依頼を頂きました。

早速ソラちゃんのＡＣに入ると、こう言ったのです。

「私のママがいないの、私のママを知らない？」

私は涙をこらえながらソラちゃんに語りかけました。

「ソラちゃん。ママ（母猫）は病気で亡くなったの。そして魂になって、天国っていうとても素敵な世界へ旅立っていったの。でもね、いつもママはあなたのそばにいるのよ。時々ママを感じることはない？」と聞くと

「ママがフワフワと上にいるの。私、どうしてママがそんなふうになってしまったのか分からなくて不安だったの。ママが病気だってことは知っていたけど、私がいたずらするからいなくなったのかと思ったわ」

そうすると、ソラちゃんの後ろにわが子を暖かく見つめているジジの姿がありました。

「ソラちゃん。あなたの後ろにママがいるわよ」と伝えると、ソラちゃんはママに気づき、甘える仕草を見せました。

私はソラとジジの邪魔をしないように、この大切な時間を見つめていました。

すると、ジジが私にこんなメッセージを伝えてきました。

「ソラに私がいなくなった理由や、これから強く生きていかなくてはいけないこと

を言い聞かせました。今日はソラと話せて嬉しかった。ソラをどうぞ宜しくお願いします。私は幸せでした、と亜由美さんに伝えて下さい」

と言うとすっといなくなりました。

ジジがソラちゃんに何を伝えたのか確認すると、ママはいつもソラちゃんの側にいるから大丈夫。また会えるから悲しんではいけないと言われたそうです。私は元気を出して、ご飯もたくさん食べるように言い、亜由美さん家族がソラちゃんをどんなに愛しているかを伝えました。

するとソラちゃんは最初より、とても明るい表情に変わっていました。

その後、亜由美さんからメールを頂きました。

「ジジは病院で息を引き取りました。私もジジが亡くなったことを忙しさと悲しみで、ソラの目を見てきちんと話していませんでした。だからきっと訳が分からなかったんだと気づきました。きちんと言ってあげていればよかったと後悔しました。でも理由が分かって良かったです。

またジジが現れたことにも驚きました。ジジも心配していたのでしょうね。亡くなってもまだ子供のことを思って現れるなんて、優しくて力強いジジに本当に頭が下がります。

ジジが最後に幸せだったと言ってくれたこと、涙が止まりませんでした。

私がジジに一番聞きたかったことでした。私の方こそジジに心から感謝しています。これから改めてソラを幸せにしてあげたいと強く思っています。本当にありがとうございました」

今の人生での使命や役割を教えてくれた愛猫のハンナ

由香里さん（30代女性）は愛猫のハンナと出会った意味が、もしあるならば知りたいということで、私にACの依頼をされました。

ハンナちゃんはすぐに私の元へきてくれました。挨拶を終え、由香里さんの質問内容をハンナちゃんに伝えると少し早口で一気に話してくれました。

「あるわよ。私が生まれたのには、ちゃんと意味があるの。私はみんなに優しさを振りまくために生まれてきたのよ。そして人間観察をしにきたの。私はこの次は人間になろうと思っているのよ。

そして、大事なお役目も背負っているの。私達の命が粗末にされないように伝えることよ。

そしてママは、私と出会ったことに意味があるのよ。本当に今しか出来ないことをしなくてはならないの。それが今なら出来るでしょう?

それは生と死を直接、ママの手で学ぶこと。自分の人生をよく振り返って見て……。いつもママは生と死を考えていたでしょう?

考えているだけじゃ駄目なのよ。いつも何かにつけて、生と死にかかわっていたでしょう。それを思い出してね。

頭で考えるのではなく、直接動物や人間と触れ合いながら学ばなくてはいけない

の。一度ゆっくり考えて見てね。

私が言える事はこのぐらいよ。後はママが自分で気づくことだから。

そうすることによって少しずつ変化が起き出すわ。ママも頑張ってね。私も大好きなママと頑張るからね」

とても深い話で、私は感心してしまいました。

そのことを由香里さんに伝えると、後日メールを頂きました。

「ハンナのACをありがとうございました。ハンナは凄くスピリチュアルな子でしたね。驚きました。

この子は時々、まるで人間なんじゃないかと錯覚する時がありました。

はっきりと理由がある訳ではないのですが、直感的に感じたのです。人間の言うことを本当に理解していて、話しかける前に既に私の顔をじっと見ていたりするときがあります。

ハンナが言っている意味はとても分かります。

私が幼い頃からいろいろな動物が家にいて、ずっと生と死について考えていました。もちろん答えは出ませんが、動物が家にいなかったことはなく、それにも何か意味があるのかなと思っていました。

でも、最近は目の前のハンナの面倒を見ることで精一杯になっていたんです。

先日会社を退職して、動物のために何か出来ることはないかと、愛護団体のホームページを見たり、直接里親会やボランティアで預かろうかなどと考え出していた矢先に、ハンナからのメッセージだったのです。

今までなかなか踏み出せずにいましたが、これからは初めの一歩が踏み出せそうです。

ハンナにはとても感謝しています。大好きなハンナ！　私を後押ししてくれてありがとう」

リンとの絆を再確認できました

愛猫のリンと話をするのはとても楽しかったです。すごくゆったりとリラックスしながらＡＣが出来ました。

まず最初に聞きたかったのは、私のおうちに来て幸せかどうかです。するとリンの気持ちがじんわりと伝わってきました。なんだかとても温かな気持ちです。そして本当に嬉しくなるようなことをリンは言ってくれました。

「幸せに決まってるよ。どうしてそんなこと聞くの？　いつも大好きって言ってるんだよ！」

今度は、「お留守番の時間が長いけど大丈夫」と聞くと？

「お留守番は嫌だよ。でもしょうがないって思ってるよ」と言いました。

私は「なるべく早く帰ってくるわね。遅くなる日はリンが大好きなおやつを買ってくるね。だからお留守番の時は遊んだり眠ったりして待っていてね」と伝えると、なんだかしぶしぶ分かったような顔で、うんと言っていました。

私はイメージの中でリンを抱きしめて、こう伝えました。

「いつもリンがいるおかげでママはとても楽しく暮らしているよ。本当に幸せ。大好きなリン。いつも一緒だよ」

私としては、とても上手にＡＣが出来たと思っています。身近に話せたという感じと共にリンと繋がりや絆を再確認できました。

ありがとうございました。

FLOUR
SUGAR

震災後、元気がないママの気持ちを読み取るハナちゃん

東日本大震災から数ヵ月たった頃でしょうか。被災地で佐藤さんに飼われている愛猫のハナちゃんのACを依頼されました。

震災後から食欲が徐々になくなってしまい、体重も少しずつ減ってきていました。ご飯を少しでも食べさせようと必死になりましたが、なかなか食べてくれません。獣医さんにも診てもらいましたが病気は見つからず、検査上、問題はないと言われました。

どうしてご飯を食べてくれないのかを聞いて欲しい。なんとか食べるように伝えて欲しい、という依頼でした。

私はACの中で、ハナちゃんに質問してみました。

「ハナちゃん、最近ご飯を食べないんだってね。あなたのことをとても愛して大事に思っているママがとても心配しているの。
なぜご飯を食べなくなってしまったのかしら？　以前は好き嫌いをせずにたくさん食べていたって聞いているわ。食べなくなった理由を教えてくれる？」
と聞きました。するとハナちゃんはこう言いました。
「私はママの地震に対する怖い気持ちや不安をとても感じるの。そんな時、私はご飯が食べられなくなるの」と言いました。

ハナちゃんは、飼い主の不安な気持ちを汲み取ってしまい、それがストレスになっていたのです。

「そうなの。それじゃママの不安を少しずつ感じなくなったり、ハナちゃんがそれをストレスに思わなかったら、食欲が出そう？」

すると「そうね。そしたら私もご飯がおいしく食べられるかもしれないわ」と言いました。

そしてハナちゃんにお礼を伝えたあと、ママの感情を引きずったり、持っている必要はないということを丁寧に話しました。

「ママは不安な気持ちがまだあるかも知れないけれど、それがずっと続くわけじゃないのよ。

だからママは大丈夫よ。安心してね、ハナちゃん。安心！　安心！

ハナちゃんはママの感情を引きずったり、持っていなくてもいいのよ。

その感情は、まるでハナちゃん自身の感情のように感じるかもしれないけれど、そうではないということをちゃんと覚えておいてね。

もし、またそんな感情をハナちゃんが感じたら、こんな遊びをしてみてくれる？

ママの不安な感情をイメージの中で、お外へポイって捨ててしまったり、ゴミ箱へポイって捨てる遊びなんだけれど。楽しそうな遊びでしょう？」と提案すると
「じゃあ、今度そんな気持ちになったらやってみようかな」と言ってくれました。

それと同時にハナちゃんの表情がとても明るくなりました。

最後に「ハナちゃんからママに何かメッセージはある？」と聞くと「ママには前みたいに、いつも大きな高い声で笑っていて欲しいの。ママの笑い声を聞くと、とっても楽しいし、嬉しい気持ちになれるの。

でも今は、あまり笑ってくれなくなったママのことがとても心配。

大好きなママ、一緒に私と笑顔で頑張ろうよ！　きっと大丈夫よ。また私がママを笑わすから。面白いことをいっぱいするわ。だから私と笑おう！

何があったって私はママの側にいるんだから」と言いました。


佐藤さんとハナちゃんは、お互いを心配しあっていたのです。

そして佐藤さんには、以下のことを自分の言葉でハナちゃんに伝えるように言いました。


ハナちゃんにストレスを感じさせて申し訳なく思っていること。

ハナちゃんと一緒にいられて幸せだということ。

これからは笑顔でいるから、大丈夫だということ。

ハナちゃんからのメッセージによって、勇気や元気、気づきをもらえたこと。

ハナちゃんにとても感謝していること。


この方法は、ハナちゃんにももちろん効果があるのですが、佐藤さん自身の不安を和らげたり心を癒す効果もあるのです。心の中で構わないので日に何度も伝えることが大切です。


その後、佐藤さんから連絡を頂きました。

「ハナがご飯を食べない原因が、まさか私にあったとは思いもよりませんでした。ハナが、こんなにも私のことを心配してくれていたと思うと、本当に心が痛みましたが、とても深い絆を得られたと思います。

また、ハナにとても丁寧に、何度も「安心！　安心！」と声を掛けて下さって本当にありがとうございました。私もハナにいつも言ってあげたいと思います。

あれから私が笑うとハナはとっても喜んでくれているように感じます。

P．S．教えて頂いた言葉を日に何度も繰り返し伝えています。ハナはあれから少しずつ食べるようになり、今はたくさん食べてくれています。本当に良かったです。そして何より嬉しいことは、ハナと心が通じ合っていることと深い絆を実感できたことです。ありがとうございました」

命の大切さを教えに来た野良猫の福ちゃん

福ちゃんは野良猫でした。

穴澤さん（30代女性）が餌をあげているうちに、とても懐《なつ》くようになりました。以前飼っていた猫も亡くなってしまい、福ちゃんを家族として迎え入れたのです。

福ちゃんが家族の一員になった意味があるならば、それを知りたいと、穴澤さんからACのご依頼を頂きました。

早速ACに取り掛かり、福ちゃんに聞いてみました。

「お姉さん（穴澤さん）の所へ来た目的や役割ってあるの？」すると

「うん、あるよ。幸せになるために来たんだよ。お姉ちゃん達がそう言っていたよ。

僕を幸せにしてくれるんだよね。でもね、僕は猫だけど、ただそれだけじゃなくて、ひとつの命としてこの家にやってきたんだよ。

命としてだよ！　人間も猫も同じなんだ」と言いました。

「猫」も「人間」も命に区別はなく対等であるということを訴えているのでしょう。

穴澤さんは、可愛い子供が出来たつもりで福ちゃんを迎え入れていました。ただただ可愛いという思いと、先代の猫が亡くなった寂しさもあり迎え入れたのだそうです。

一つの命として穴澤さんの家にやってきたという話を聞いて、改めて命を迎える重さをひしひしと感じたそうです。

第3章 付属CDを使って愛猫とお話しよう

付属CD活用の方法と注意事項

必ずこの章をすべてお読み頂いてからアニマル・コミュニケーションをはじめてください。

付属CDのアルファ波誘導の技法を用いて、アニマル・コミュニケーションを行っていただきます。脳波がアルファ波になることにより、愛猫とのコミュニケーションに用いるテレパシー能力を高めることを目指すものです。

1回のアニマル・コミュニケーションにより、愛猫の感情を感じ取れる方もいらっしゃると思いますが、これについては人により様々ですので、何度か練習が必要な方も多いでしょう。その都度アニマル・コミュニケーション（テレパシー）能力が高まっていくはずです。

何度もこのCDを活用し、練習して下さい。練習といっても大変なことは一切ありません。リラックスしながらお聴き頂くだけです。

「リラックスしながらアニマル・コミュニケーション（テレパシー）能力を高めれるんだ」という具合に気楽に行って下さい。

逆に「感じよう」「感じなければ」と強く思わないで下さい。すると脳は緊張状態となり、アルファ波状態へと入りづらくなってしまいます。

これを反作用の法則と言います。眠れないとき、寝ようと思えば思うほど眠れなくなってしまうのと同じです。

愛猫があなたに想いを伝える方法とは

第2章の冒頭でもお話ししましたが、愛猫の想いは、人間の言葉で伝わってくるのではありません。感情や感覚が伝わってきます。それを人間の言葉や想いに変換しているのです。これは無意識的に行われている場合が多いです。

例えばアメリカ人のアニマルコミュニケーターはあなたの愛猫の想いを汲み取れます。愛猫はアメリカ人に想いを伝えていることになるのです。愛猫は英語教室に通っていないのに……。

これがなぜできるのでしょうか。それは人の言葉を介していないからです。アメリカ人のアニマルコミュニケーターは猫が伝えてくる映像や感情、感覚的なものを感じて、それを英語に変換しているのです。

愛猫はどこの国の人とでも話せてしまうバイリンガル、いえマルチリンガルなのです。

愛猫のメッセージは「何となく」感じるだけでいい

普段こんなことはありませんか？　あまり親しくない人と出会ったとき、この人

はこんな人だろうとか、幸せな感じがするとか、寂しそうな感じがするなど……。その人の情報をほとんど知らず、何の根拠もないのに何となく感じる感覚です。
　これは意外と当たっていたという方も多いのではないでしょうか。これも前章でお話した直感力、または、その延長線上のテレパシー能力なのです。
　アニマル・コミュニケーションではこの感覚を大切にして下さい。感じたことに根拠を持ち込まず、ただ感じたまま受け入れて下さい。

　アニマル・コミュニケーション初心者の方がよく陥ってしまうのが、愛猫からのメッセージが当たっているのか、外れているのかに終始してしまう点です。
　当たる当たらないは、ひとまず考えないで下さい。もちろん最初から精度の高い方もいますが、そのような方は更に能力を伸ばしていって下さい。

　はじめて自転車に乗った時を思い出して下さい。いきなりは乗れませんでしたよね。何度も転んだはずです。そこで自転車に乗れないとあきらめた方は少ないと思います。

そして気が付いたときには自然と乗れていたはずです。

ここで重要なのが、乗れるまで何度も転んだプロセスなのです。1度目に転んだ時と、2度目に転んだ時ではその意味が違うのです。

まだこの時点では自転車に乗れていませんが、確実に2回目の方が乗れる方向へ進んでいるのです。自転車に乗りたいという気持ちさえあれば必ず乗れます。

愛猫と会話することも同じことなのです。

その気持ちさえあれば、1回目のコミュニケーションよりも、2回目は確実に前進しています。どんどん前進していくのです。

ですので、はじめから愛猫とのコミュニケーションに確信を求めないで、それ自体を楽しんで下さい。

最初は自分の想像のように、または、自分で作っているかのように感じるかもしれません。

しかし、それでいいのです。アルファ波誘導中に感じられる多くのことは潜在意

識からの情報です。

潜在意識に想像、または作られていると思って下さい。

潜在意識は、そこにきちんとした意味があるので、そのような想いを顕在意識（表面意識）に感じさせているのです。

顕在意識は潜在意識を確認できないので、自分の想像だったり、作っているのではないかと、思ってしまうのです。

繰り返しますが、感じたことに対して当たる当たらない、本当か嘘かは、ひとまず隅に置いておきましょう。

アニマル・コミュニケーションで感じたことを受け入れるだけでいいのです。

すると自転車を自由に乗りこなすことができるように、自由にアニマル・コミュニケーションが行えます。

あなたの能力タイプは何？

もともと持っているあなたの能力を知ることがアニマル・コミュニケーションへの早道です。本来全ての人が直感力やサイキック能力、テレパシー能力を持っています。

しかし、成長するにつれて合理的な思考になり、そのうちに使わない能力となってしまいます。

ここではアニマル・コミュニケーションを成功させるために、あなたの得意な能力を発見するテストをしてみましょう。

では、これから目を閉じて頂くのですが、閉じた後、次のイメージ（想像）をして下さい。

❶最初に愛猫をイメージして下さい

❷愛猫の毛の色は何色ですか？
❸愛猫の匂いを感じましょう
❹愛猫に触れて下さい。どんな感じがしますか。暖かいとか、手触りがいいとか、
落ち着く感じだとか。もっと違う感じでしょうか
❺愛猫の鳴き声を聞いて下さい。どんな声をしていますか？

それでは静かに目を閉じましょう。イメージの中で十分感じられたなぁ……と思ったら目を開けて下さい。
それではどうぞ。

どうでしたか。何を感じましたか？
いま4つの感覚について感じてもらいました。
見る・嗅ぐ・触れる・聞くの4つです。

この中で一番強く感じられた能力はどれなのか、次の項目に当てはめてみて下さい。

❶毛の色がはっきり見えた人
▼クレアボヤンス・タイプ（視覚タイプとも言います）
❷鳴き声がはっきり聞こえた人
▼クレアオーディエンス・タイプ（聴覚タイプとも言います）
❸触れた時の感覚をはっきりと感じた人
▼クレアセンテンス・タイプ（感覚タイプとも言います）
❹匂いをはっきり感じた人
▼クレアノーイング・タイプ（嗅覚タイプとも言います）

どのタイプが当てはまりましたか？　この中の一つのタイプが当てはまったとか、複数のタイプが当てはまったなど、様々かと思います。

付属CDを使用する際に、自分のタイプを知って聴いてみると、よりアニマル・コミュニケーションの精度が高まることが期待できます。

また、各タイプに意識を向けて練習を多く重ねると、最後はどの能力も協力しあってきます。

では、その練習方法ですが、とても簡単ですので試して見てください。

クレアボヤンス（視覚）は写真でも絵葉書でもよいので、しばらく眺めて下さい。そして目を閉じて、イメージの中でその絵を再現して下さい。最初ははっきり浮かばなかったり、断片だけかもしれませんが続けていくうちに鮮明になっていくはずです。

クレアオーディエンス（聴覚）は日常の音に意識を向けて下さい。例えばスーパーで買い物をしていると、いろいろな音が聞こえてくると思います。普段はさほど気にせずにいる音も、意識を向けるとうるさいほどはっきりと聞こえてきます。他のお客さんの靴の音やレジを打っている音、商品を袋に詰めている音などに意識を向けましょう。そして家に帰ったら目を閉じてイメージの中でその音を再現して下さい。

クレアセンテンス（感覚）は触れたものに意識を向けて下さい。コップに触れた感触や、服に袖を通したときの肌で感じる質感、寒い、暑いなどの感覚を目を閉じてイメージの中で再現しましょう。

クレアノーイング（嗅覚）は花の香りやおいしそうな料理の匂いなど、目を閉じていろいろな匂いをイメージの中で再現して下さい。

これらの練習を重ねていくと、映像（愛猫や色、物）と共に、愛猫の感情を感じたり、匂い、声（音）を同時に感じるなど、あなたの能力はどんどん高まります。

さあ！　愛猫とのコミュニケーションの始まりです
（アニマル・コミュニケーション準備）

付属ＣＤを聞く準備をしましょう。

❶部屋を暗めにして下さい。また静かな環境で行いましょう。音の出るもの（携帯電話、チャイム等）は出来れば鳴らないようにして下さい。

❷横になっても、ソファーに座っても構いません。ＣＤを聴きながら眠ってしまった場合は、次回から横にならず座って行ってください。

❸アルファ波状態下では体温が下がる場合もありますので、毛布など何かお掛けになるものをご用意下さい。

反対に手足が暖かくなったり、重たくなる場合もありますが（カタレプシー現象）、アルファ波状態から覚めてしばらくすると元に戻ります。

❹アルファ波状態から抜けないことはありませんので安心して行って下さい。ＣＤを聴いたまま眠ってしまうかもしれませんが、通常の睡眠へと移行したということですので、そのまま眠ってしまっても問題ありません。

⑤アニマル・コミュニケーションに入る前に、愛猫に聞きたい質問を5個くらい考えておくと良いでしょう。忘れてしまう場合は、質問を紙に書いておき、答えをもらう度に目を開けて紙を確認しても構いません。そしてまた目を閉じて会話を進め下さい。

敏感な方は、愛猫を呼ぶ前に感じたりすることがあります（もう既に来ている可能性があります）。この場合は、ＣＤの誘導は無視して構いませんので愛猫をイメージの中で撫でたり、いつもしているような遊びをしてあげて下さい。そして質問をしてみて下さい。

では愛猫との大切な時間を楽しみましょう。

普段より、もっと深い話しができるチャンスです。愛猫もきっと同じ気持ちであなたを待っていますよ……。

これだけは守って欲しい注意点

・約束が出来ないことは質問しないで下さい

病院に行くことが決まっているのに「病院へ行くけど行きたくない？」と聞いて「行きたくない！」と愛猫が言ったとしても結局病院へ連れて行くことになるでしょう。

その答えが尊重出来ないのであれば聞かないように配慮しましょう。

もし聞いてしまった場合は、病院へ行かなければならない理由を伝えましょう。

そして出来るだけ安心させてあげてください。

更に病院が済んだあとの楽しみも約束してあげて下さい。

例えば、「大好きな缶詰にかつお節もかけて特別なおいしいご飯を食べようね」などと伝えてあげて下さい。

安心させるだけではなく、その後の楽しみも伝えてあげましょう。

・アニマル・コミュニケーションは医療行為に代わるものではありません

体調が悪そうだと判断した場合は、アニマル・コミュニケーションを行って様子を見るということを行わないで下さい。

速やかに動物病院で診てもらって下さい。

・安全な環境で付属ＣＤをお聴きください

車の運転中や仕事中、そして危険、注意を伴う作業時には、決して付属ＣＤをお聴きにならないで下さい。

眠気をもよおす場合がありますので大変危険です。安全な環境でお聴き下さい。

第4章
もっともっと愛猫と分かり合うためのQ&A

ここでは前作『犬と話せるようになるCDブック』の読者の方からの質問も含まれています。それは猫も犬もアニマル・コミュニケーションを行う上で共通点が多いからです。犬とのアニマル・コミュニケーションの質問も猫のアニマル・コミュニケーションに、とても参考になります。

よくある質問

Ⓠ 雑念が邪魔をしてなかなかリラックスが出来ません。どうしたらいいでしょうか？

Ⓐ 雑念は時間の経過と共にだんだんなくなっていきますが、気になるようでしたらこんなイメージをしてみて下さい。

チェストの引き出しや、箱の中に雑念を一つ一つしまいましょう（例えば明日の仕事のことであれば「仕事」と文字にして入れても構いません）。

そして、引き出しや箱の蓋をしっかりと閉めて、イメージの中で鍵を掛けて下さい。その後、イメージの中でその場から離れて下さい。

Q 『犬と話せるようになるCDブック』の付属CDを使ってアニマル・コミュニケーションを行ったところ、とても感動的に愛犬と話が出来たと思っていました。でも後から、あれは私の思い込みや妄想じゃない？　と思ってしまう自分がいます。

A はい、妄想でも構いません。自分で作っているのではないかと思う場合もあるかと思います。しかし、全てはご自身の深い意識が繋がった状態において、潜在意識で作らされた、感じさせられた事柄です。そのように考えて下さい。

妄想ならほかの妄想でも良かったのに、なぜ、その妄想をしたのかが重要なのです。意味ある事柄を潜在意識から妄想という形で、あなたがキャッチしたことになるのです。

実はこの妄想的感覚もアニマル・コミュニケーションの一部であることが多いのです。

また回数を重ねることによって、妄想の中に真実が読み取れてくるようになります。顕在意識では妄想と判断していることも、潜在意識的には意味あるものを投げ掛けている部分が多いのです。

何よりも判断や批判は動物の声を遠ざけます。

Q アニマル・コミュニケーションの最中に、おもちゃを買ってきてあげる約束をしたのですが、うっかり忘れてしまいました。やはり怒っているのでしょうか？　その場合どうすれば良いですか？

A 買って来られなかった理由を伝え、心を込めてごめんねと言ってあげて下さい。また、お買いものに行くときに、「大事な（大好きな）〇〇ちゃん（愛猫）のお気に入りのオモチャを選んで買ってくるわね」と言ってあげて下さい。

心を込めて、「大事な」または「大好きな」〇〇ちゃんと伝えることが大切です。

思慮深い質問

Q 生まれてきた理由や、わが家に来た目的、役割を聞いてもいいのでしょうか?

A はい、もちろん大丈夫です。お聞きになって下さい。
その子がなぜこの世に生まれて来たのか、おうちに来た目的や役割が分かることで、飼い主さんにとっても、学ぶことが多くあることに気づかれるでしょう。そして、更に愛猫の理解が深まるはずです。

Q 愛猫の前世は何だったのか聞いてみたいのですが。

A はい、聞いてみて下さい。現在は猫でも前世では犬かもしれません。
もっと違う動物や、爬虫類の場合もあるのです。または同様に猫かもしれません。

愛猫が前世について話してくれた場合は、それを話したかったと捉えて下さい。また話したがらないようであれば、聞くのは避けましょう。猫も人間と同じで話したくないこともあるのです。

Ⓠ 言語のことで質問です。私は日本語と英語が話せます。猫1匹と犬2匹を飼っているのですが、以前『犬と話せるようになるCDブック』を購入して、アニマル・コミュニケーションをやってみた時に、1匹のメッセージは英語で理解しました。しかし、もう1匹の時は日本語が主でした。

これは何故なのでしょうか?

Ⓐ 人間も動物も、潜在意識下にはテレパシーの互換性を高めるための変換装置が付いていると考えて下さい。

霊能者の例で考えると、外国の霊と交信しているのに、なぜか霊能者は日本語で伝えてきます。これは言語として感じ取っているのではなく、その霊の想い（感情的なこと）を感じ取り、聞き手が理解しやすいように日本語に変換して伝えている

のです。これは無意識で行われていることが多いです。

英語でも日本語でも、その動物から受け取りやすい言語に変換されます。

いずれにしても現実的な言語ではなく感覚なのです。それが無意識下において受け取りやすい言語に変換されます。

Ⓠ まだ子供で小さくあどけないのに、大人びたことを言いました。なんだか普段の印象と違うのですが……。

Ⓐ まだ子供なのに凄く大人びたことを言ったり、スピリチュアル的に物事を言う子は時々います。それは、魂のステージがとても高い子に多いのです。

飼い主さんの学びの為に言ってくれている子もいますので尊重して受け止めて下さい。

体調についての質問

Ⓠ 体調面について愛猫になんて質問をしたらよいでしょうか?

Ⓐ 体調はどう?　と聞いて構いません。

その答えが、「大丈夫だよ」というものだとしても、現在動物病院にかかっていて何かしらの診断が付いている場合は、その部位について聞いてあげて下さい。

お腹の辺りの痛みはどう?
鼻水は出る?
お薬が効いている感じはする?
何かして欲しい事はある?
お部屋の温度はどう?

調子が良くなる時間帯はある？

などいろいろな角度から質問をすると良いと思います。

ですが、体調が明らかに悪そうだ、と感じた場合はアニマル・コミュニケーションの結果で病院へ行くかどうかを判断しないで下さい。アニマル・コミュニケーションは行わず、すぐに動物病院を受診しましょう。

2匹目を迎えたい場合

Ⓠ 現在飼っている猫のお友達を迎えたいと考えております。アニマル・コミュニケーションで聞く際の注意点はありますか？

Ⓐ 2匹目以降の猫を選ぶ場合は、可能であれば引き合わせて相性を見ることが一番良いと思います。

その後で、この間会った子とお友達として一緒に暮らせそう？　と聞くと良いかと思います。しかし、このような質問をする場合は、イヤと言ったらその答えを尊重出来るときにして下さい。

もう決まった子がいる場合、「今度○○ちゃん（愛猫）と仲良く楽しく遊べそうなお友達が来るのよ。来たらいろいろとおうちのことを教えてあげてね」と伝えましょう。

必ず事前にその子が来ることを何度も伝えてあげて下さい。

何度も伝えることと、飼い主さん自身もその２匹が仲良く遊んでいる楽しいイメージを持つことを忘れないで下さい。

また、どちらの猫も急に環境が変わるので、戸惑ったり、ストレスを抱えたりすることがあります。迎え入れる子にも、うちへ来ると楽しいということと、既に飼っている猫がいることを、心の中で描きながら「安心してうちに来てね」と伝えましょう。

愛猫達に楽しみを持たせながら迎えると良いと思います。

Q　２匹目を迎えましたが、なかなか仲良く出来ません。喧嘩ばかりしていて、このままだと怪我をしかねません。どうすればよいでしょうか。

A　１匹ずつ日にちを変えてアニマル・コミュニケーションを行ってみて下さい。そして双方に、なぜ仲良く出来ないのか理由を聞いて下さい。そして、その言動にストレスが隠れていないかを注意深く見て下さい。これがポイントです。

例えば、飼い主さんが片方の子だけ可愛がっているから、その子をいじめているとしましょう。

もちろん飼い主さんは両方の子に愛情をかけているつもりなのですが、先に飼っている猫を優先してしまっているような場合です。その子は焼きもちを焼いていたり、自分が可愛がられていないような気分になっているのです。

安心させるため、声を掛けてあげたり、普段から少しの間だけでもその子を優先してあげたり、また平等にしてあげたりと配慮をしてストレスを取り除いてあげて下さい。

保護猫の場合

Ⓠ 以前捨て猫だった子を里親募集で家族に迎えました。アニマル・コミュニケーションをする際に捨てられた時の悲しい感情が伝わってきた場合は、どのように対処をすればよいのでしょうか?

Ⓐ 確かに、捨てられた時の感情を飼い主さんに伝える子はいます。何かを話し出した場合は、その話をただただ聴いてあげて下さい。

その子は捨てられたときの悲しみや辛さ、恐怖、不安、怒り、いろいろな想いを聞いて欲しいのです。その際には、相槌《あいづち》を忘れないようにしましょう。

大切なのは、終わった後に悲しみの感情だけで終わらせないことです。

そこで以下のような事を語りかけて下さい。

まず、愛猫の気持ちに対する理解を示してあげてください。

「本当に辛く悲しい思いをしていたのね」

次に、その悲しい思いをさせたのは人間だということ。これに対するお詫びです。

「悲しい気持ちにさせてしまったのは人間だよね。本当にごめんね」

そして、自分たちは愛猫を家族のように愛しているということを伝えます。

「でも今は、あなたのことが大好きな私達と一緒にいるのよ。だから安心してね」

ここで、愛猫にイメージさせる時間を取って下さい。あなたと愛猫が一緒に遊んでいる場面を想像させるなど、楽しい気持ちにさせてあげましょう。

「○○（愛猫の名前）はいつもタンスの上に、とても上手に乗るね。これからは、毎日楽しく幸せに過ごすのよ。私と追いかけっこをしたり、オモチャで遊ぶのはどう？　わくわくするでしょう？」


このように、愛猫の気持ちを一度受け止めてあげてから、最後に楽しい気持ちになるような話し方をしてください。もちろん、心を込めて言うことも重要です。

最も大切なことは、愛猫が辛い感情のままACを終わらせないことです。

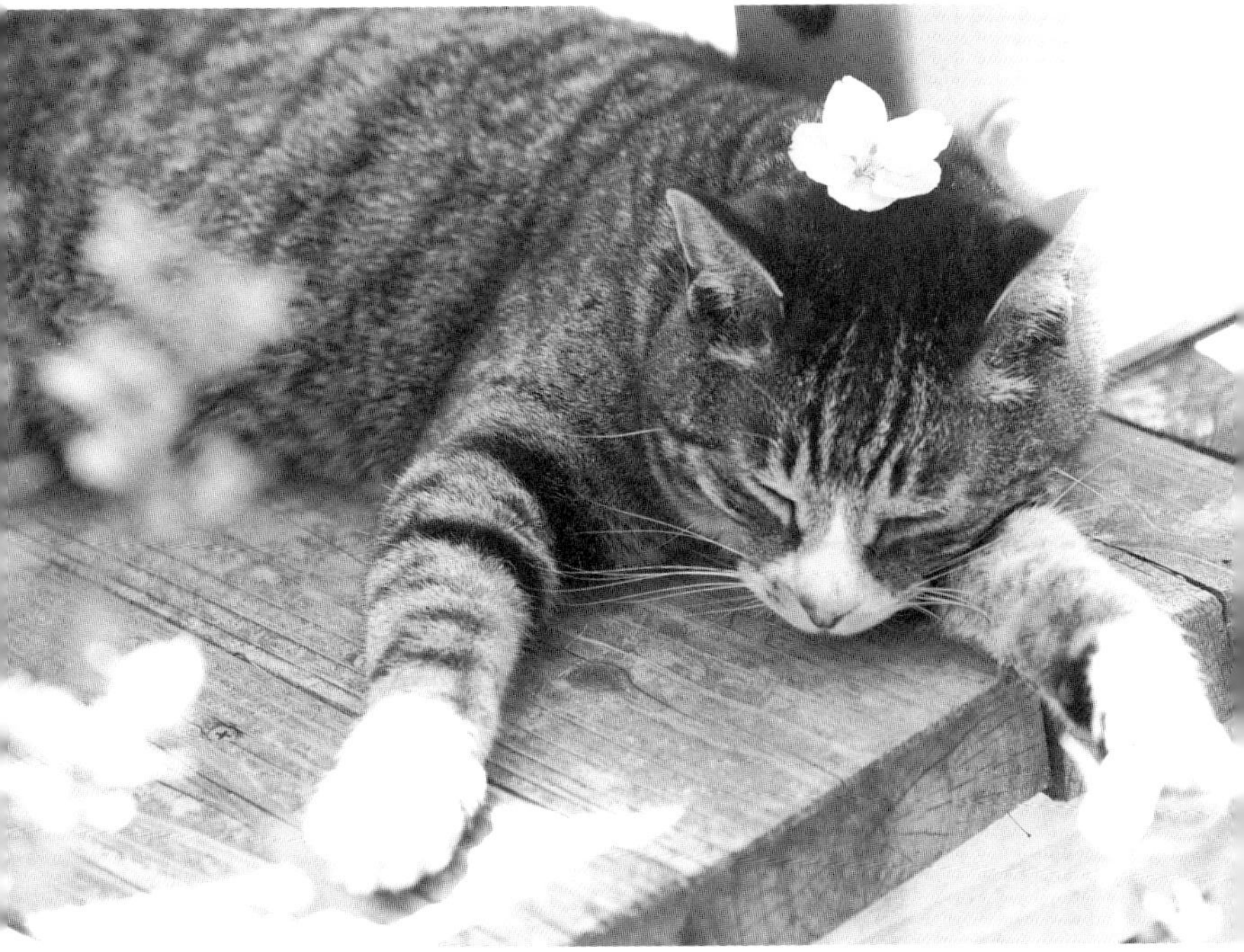

問題行動のある愛猫の場合

Ⓠ 噛み癖があるのですが、どのように伝えたらよいでしょうか?

Ⓐ 最初に体調を疑って下さい。何か痛みを訴えている場合もあります。飼い主さんが撫でたら噛むなど、痛みからくる反射の可能性もあります。

まず獣医師に診てもらうことをお勧めします。

その結果、病気などではない場合は「なぜそのようなことをするの?」と理由を聞いて下さい。

ただし、アニマル・コミュニケーションで噛み癖の理由を愛猫が話してくれたとしても、それが治るのは難しいことなのです。その場合は獣医師の先生やペットカウンセラーに相談されることをお勧めします。

私の場合は問題行動のスペシャリストであり、獣医師の牧口香絵先生と連携して行うケースもあります。問題行動でお困りの方は、アニマル・コミュニケーションと合わせて牧口先生にご相談するのも良いかと思います。

アニマル・コミュニケーションが上手くできない

Ⓠ どうしても上手くアニマル・コミュニケーションを行うことができません。どうすればよいでしょうか？

Ⓐ 稀に上手くいかない方もいらっしゃいます。そのようなときにはアニマル・コミュニケーション日記をつけてみて下さい。ご自分が上手に出来た日や時間を記録し、同じ時間帯にアニマル・コミュニケーションをしてみるなどを試してみて下さい。うまくできるかどうかに時間帯やリズムも影響する場合があります。

また、うまく行かない原因として、飼い主さんの体調だったり、アニマル・コミユニケーションへの期待が強すぎる場合が多いのです。

また、自分の得意な能力以外を求めているケースもあります。これはP70の能力タイプを見極めて行って下さい。

例えば、感じる力がとても強いクレアセンテンス・タイプ（感覚）なのに、クレアボヤンス（視覚）に期待してしまうと上手くいかないことが多いのです。

または、クレアボヤンス的ではない（映像的にうまく見えない）のでアニマル・コミュニケーションが出来ていないと思ってしまうのです。

先述しましたが、「妄想かもしれない」「自分で作ってしまっているのではないか」という感覚です。これに関しては、大切なことなので何度もいいますが、感じたことに対して当たる当たらない、本当か嘘かは、ひとまず隅に置いて、まるで移り行く雲のように流してしまいましょう。

潜在意識から想像、または作らされていると思って下さい。潜在意識はちゃんと意味があるから、顕在意識（表面意識）にそのような思いを感じさせているのです。

最後に１００パーセント全ての答えが得られないからといってアニマル・コミュニケーションが出来なかったということではありません。

はじめのうちは５個ぐらいの質問をして、その中で１つでも２つでも答えがもらえれば十分です。練習を重ねていくうちにだんだんと話しが最後まで出来るようになります。

愛猫とのコミュニケーションのポイント

Ⓠ アニマル・コミュニケーションの結果に対して、ただの想像や自分の願望ではないかと思ってしまいます。

Ⓐ 何度も繰り返しますが、この思いはアニマル・コミュニケーションの初期段階によく起こることなのです。必ず通る道と言ってもいいのかもしれません。ですのでそれで良いのです。

最初は連想ゲームをするような感じで行いましょう。子供のころ、リカちゃん人形やバービー人形、ぬいぐるみなどに話しかけませんでしたか？　リカちゃんと双子の姉妹を向かい合わせて想像力だけで会話をさせたり。

男の子であればウルトラマンと怪獣を戦わせて、独り言のようにつぶやいていませんでしたか？

子供というのは潜在意識全開で生きていると言われています。あらゆるものに興味を持ち、大人には考えもつかないインスピレーションを発揮して、建前や常識に捕らわれず自由な心を楽しみます。

その感覚が大切なのです。そして、その自由な心でアニマル・コミュニケーションを行っていくと、どんどん正しいことや真実が見えてきます。イメージ遊びをするように愛猫と楽しいお話をして下さい。とにかく楽しむことなのです。これがポイントです！

エピローグ

近年ペットブームに伴い、可愛い猫や犬、他の動物たちがテレビやネット動画などで大活躍です。動物＝「可愛い」「癒し」がキーワードとなっているようです。しかし、その一方で殺処分の問題があります。それにより猫と犬を合わせて毎年30万匹以上の命が絶たれています。

１日８２０匹以上、１時間に34匹以上、１分45秒に１匹が殺処分されているのが現状です。

全ての動物が理不尽に処分されることのない世の中になったらどんなに良いかと思っています。これはあなたも同様のはずです。

一人でも多くの方にこの現状を再認識していただき、１匹でも多くの命が救われることを願ってやみません。

私は兼ねてから多くの方に恵まれていない動物達のことを知ってもらいたいと感じていました。

本書を手にしているあなたは、愛猫に愛情をたっぷり注ぎながら楽しく暮らしていることと思います。しかし、世の中にはそうでない方もいます。

まるでインテリアのように、もう流行りの猫、犬種ではないからと保健所へ持っていき、流行りの猫や犬を新たに飼ったり、食事や水も置かずに旅行に行って、帰ってきたときには既に亡くなっていたりと、アニマルコミュニケーターという仕事に携わっていると、耳を疑うような、心を引き裂かれるような悲惨な話がたくさん聞こえてきます。

逆に、死ぬまで一緒に暮らしたい気持ちでいっぱいなのに、高齢や病の為、どうしても手放さざるを得ない方や、離婚により一緒に暮らせなかったり、経済的問題であったりと、止むを得ない事情を抱えている方も大勢います。

私はアニマルコミュニケーターとして多くの動物達と接してきました。その経験

からはっきり言えることは動物達の感情は人間と同じだということです。ただ表現方法が異なるだけで、人間と共通の感情を持っています。さらに言えば人間よりも純粋なのです。

心から飼い主が大好きで、信頼してくれているのです。ただ悲しいことに、その信頼を人間の方から裏切ってしまっている人達が少なからずいるということです。捨てられたり、虐待を受けていた猫や犬とのコミュニケーションも多く行いました。そんなときは本当に涙が止まりません。

動物と暮らす中で大切なことは、命と触れあっているという意識を常に持つということです。

私が出来ることとして、アニマル・コミュニケーションにより一人でも多くの方に、今よりもさらに動物達を身近に感じて頂くと共に、悲しい現状についても目を向けて頂ければと思っています。

私には動物たちの幸せな声と同時に悲しい声も聞こえてきます。

「私たち動物の命は軽いの？」

「口が聞けないから感情もないと思っているの？」

「私をなぜ捨てたの。もう可愛くないから？」

「私を飼えないのなら、飼ってもいい人をなぜ一生懸命探してくれなかったの、すぐに保健所に連れて行ったの？」

「でも飼い主のあなたが大好きでした」


動物は人間と同じように感情があります。

人間と同じように恐怖を感じたり、悲しい時は涙を流すのです。怖い時は涙を流して抵抗するんです。動物たちを決して傷つけない、苦しませない、そんな人間としての生き方ができれば私は日々感じています。

必要ではない命など一つもないはずですから……。

おわりに

最後まで本書をお読み頂きましてありがとうございます。前作『犬と話せるようになるＣＤブック』に続き、猫専用のアニマル・コミュニケーションの実践書は日本では初出版かと思います。

今後、猫を飼う方はさらに増えると予想されます、本書がお役に立てれば、これほど嬉しいことはありません。

また文中に昨年起こった東日本大震災にかかわるお話しをいくつか致しました。本書をお読みの方で被災された方、またご関係者の方もいらっしゃると思います。亡くなられた皆様へ心よりご冥福をお祈り致します。また被災された皆様、ご関係者の皆様には心よりお見舞い申し上げると共に、一日も早い復旧、復興を願っております。

亡くなってしまったすべての動物達へ……。

今はもう大丈夫だね。もう体は無いけれど安心できる場所で走りまわっているね。

そして、いつかまた生まれ変わってきてね。


私のアニマル・コミュニケーションでは、生きている子だけではなく、虹の橋を渡った動物達のアニマル・コミュニケーションも行っています。私の経験上全ての動物は、魂が体から離れると、痛みもなく、苦しさもなく、辛さもなく、体も軽く、そして毛のつやまで良くなっていたり、自分が生前に得意だったものを見せてくれたりします。

とても元気だよ。すごく楽しいところにいるから心配しないでと伝えてくれます。

動物の死は、人間の死と少し違い、生についての執着が少ないということが一つの救いだと思っています。


震災で動物を亡くされた方々の辛い気持ちは計り知れないことでしょう。

みなさんが伝えたかったことを、震災で動物を失われた全ての飼い主さんに代わり、彼らに伝えました。

「そちらの世界でみんな元気にやっていますか？　大好きだった人の側にまだ行ったり来たりしていますか？　それとも仲間と仲良く遊んでいますか？　一緒にいてあげられなくて本当にごめんね。最期まで一緒にいてあげたかった。そして私の家族になってくれて本当にありがとう。生まれ変わったらまた会えることを心から願っています」

心を込めて伝えさせて頂きました。

あなた達は人間に、とても大切なものをくれました。それは、その純粋な心、その澄んだ瞳です。人間が大切なものを忘れかけてしまいそうなとき、あなた達はその純粋な瞳でいろいろなことに気づかせてくれました。

心よりご冥福をお祈りします。合掌

謝辞

本書の構成、文章など四苦八苦しているときに、いつも優しく的確なアドバイスをして下さった編集者の時奈津子さんに心より感謝申し上げます。彼女は私にとって灯台でした。その灯りに導かれながら本書の出版に至ることが出来ました。

そして前作同様に私の執筆を陰ながら支え、良きアドバイザーとなってくれた、私の夫であり、ヒプノセラピストの鈴木光彰に心から感謝します……。

執筆作業を日々応援してくれた愛する息子にも感謝です。

さらに、公私共に私の支えになってくれているK・Nさんと彼女の4匹の愛猫、チャーちゃん、クロロちゃん、ミューちゃん、プクちゃん。お力添えを頂きましてありがとうございました。

脇田由美子さんと、彼女の愛猫きらりちゃんにもいろいろとご協力を頂きました。

ありがとうございました。

いつも私を応援してくれる大切な友人S・Kさんと、彼女の愛猫プーマちゃん。ありがとうございました。

お世話になっている獣医師の牧口香絵先生にもこの場をお借りして深くお礼申し上げます。

体験談掲載につき、ご快諾を頂いた穴澤さんと愛猫の福ちゃん、T・Sさん、Y・Iさん、S・Kさん、K・Tさん、A・Nさん本当にありがとうございました。

そして、いつも思っていることを最後の筆とさせて頂きます。

今まで出会ってきた動物達（アニマル・コミュニケーション含む）に、心からありがとう。あなた達に出会えて本当に良かったです。

すべての動物たちの幸福を願って……。

2012年1月24日　自宅書斎にて

鈴木智美

profile

鈴木 智美（Tomo）

アニマルコミュニケーター／動物看護士／日本アニマルコミュニケーション研究協会代表／一般社団法人日本ヒーリングサポート協会理事
神奈川県在住。
日本におけるアニマルコミュニケーターの第一人者的存在。
幼少期より直観力、霊的能力が優れ大人になるにつれその能力や世界に対して興味を抱くようになる。
現在は今までの体験や気づきから自身の使命を全うすべく「セラピールーム宇宙の大地」でアニマルコミュニケーション、ヒーリング、各種ワークショップなど、人と動物の癒しの為に活動を行うと共に「一般社団法人日本ヒーリングサポート協会」にてアニマルコミュニケーター養成講座の講師も行っている。

著書

『犬と話せるようになるＣＤブック』（総合法令出版）

アニマルコミュニケーションCD

『アニマルコミュニケーションＣＤ１ あなたの大切なパートナー（動物）からのメッセージ』『アニマルコミュニケーションＣＤ２ 虹の橋を渡った天使からのメッセージ』『アニマルコミュニケーションＣＤ３ ソウルメイトアニマル～大切なパートナー（動物）と出会った目的や意味を知る前世～』

著者連絡先

一般社団法人日本ヒーリングサポート協会

ヒーリング（癒し）を必要としている人や動物、セラピスト、ヒーラーの為の支援活動を行う。癒しに関する様々な機会提供を行い、人と動物の架け橋となることを目指している。

ホームページ　http://healing.or.jp/
メール　jah@healing.or.jp
ＴＥＬ　０４５-４４２-５０３９

セラピールーム宇宙の大地

ホームページ　http://www2.ocn.ne.jp/~hypno/
メール　hypno@iris.ocn.ne.jp
ＩＰ電話　０５０-３３３１-０３６５

ヒーリングショップ宇宙の大地

ホームページ　http://happyhealing.jp/
メール　uchuno-daichi@happyhealing.jp
ＩＰ電話　０５０-３３３１-０３６５

猫と話せるようになるCDブック
一番やさしいアニマル・コミュニケーションの教科書

2012年 3月 8 日　初版発行

著　者　鈴木智美
ブックデザイン　土屋和泉
発行者　野村直克
発行所　総合法令出版株式会社
〒107-0052
東京都港区赤坂 1-9-15
日本自転車会館 2 号館 7 階
電話　03-3584-9821（代）
振替　00140-0-69059

印刷・製本　中央精版印刷株式会社

ISBN978-4-86280-293-4
落丁・乱丁本はお取替えいたします。
総合法令出版ホームページ　http://www.horei.com/